DE

L'AIR COMPRIMÉ

EMPLOYÉ

COMME MOTEUR,

OU

DE LA FORCE

OBTENUE GRATUITEMENT ET MISE EN RÉSERVE,

PAR

M. ANDRAUD.

PARIS.

CHEZ GUILLAUMIN, ÉDITEUR

DU DICTIONNAIRE DU COMMERCE ET DES MARCHANDISES,

GALERIE DE LA BOURSE, 5, PANORAMAS.

1839.

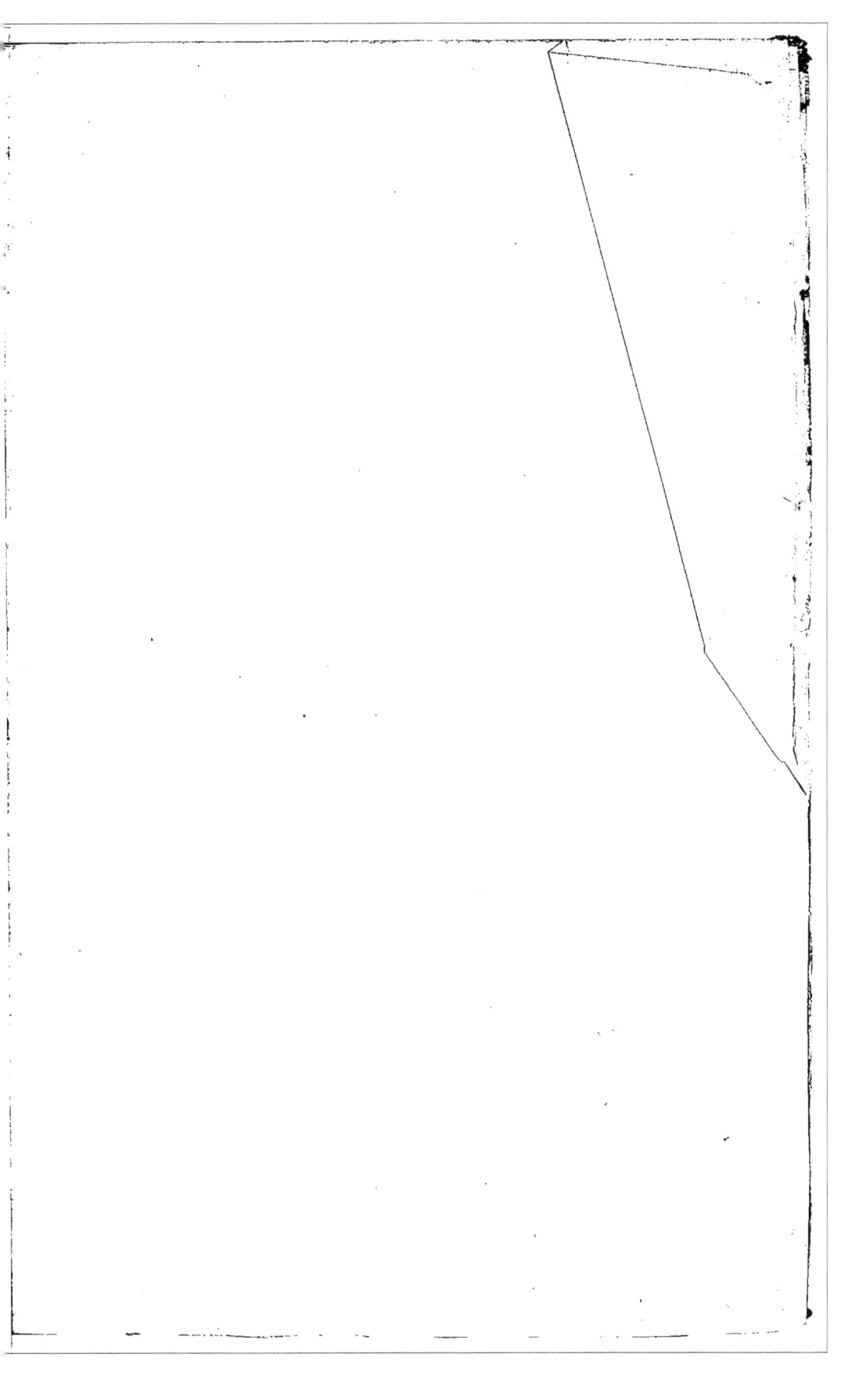

30269

DE

L'AIR COMPRIMÉ

EMPLOYÉ COMME MOTEUR.

PARIS. IMPRIMERIE DE BOURGOGNE ET MARTINET, RUE JACOB, 30.

DE

L'AIR COMPRIMÉ

EMPLOYÉ

COMME MOTEUR,

OU

DE LA FORCE

OBTENUE GRATUITEMENT ET MISE EN RÉSERVE,

PAR

M. ANDRAUD.

PARIS.

CHEZ GUILLAUMIN, ÉDITEUR

DU DICTIONNAIRE DU COMMERCE ET DES MARCHANDISES,

GALERIE DE LA BOURSE, 5, PANORAMAS.

1839.

J'avais l'intention de ne publier cet écrit
que dans quelques années, à loisir et lorsque, après une série d'expériences con-
cluantes, j'aurais pu joindre l'autorité des
faits à la théorie nouvelle que je vais exposer. Mais la grande question des chemins
de fer me presse : cette industrie qui réunit
si justement toutes les sympathies natio-
nales, et dans laquelle se trouvent engagés
aujourd'hui de si graves intérêts, me semble sérieusement compromise si l'on ne se
hâte de l'affranchir de tous les embarras
qui en gènent le développement. Or, la
puissance dynamique que je viens annoncer

est de nature à faire disparaître tous ces embarras, j'en ai la conviction; j'écris donc
par urgence. Au reste, la réalisation de la
doctrine des *forces gratuites* est une entreprise immense qui ne peut être confiée
qu'au génie tout-puissant de l'association;
les lumières et les ressources d'un seul n'y
suffiraient pas.

TABLE DES MATIÈRES.

THÉORIE.

Exposition. page   5
De l'air comprimé comme moteur universel.   5
Supériorité de l'air comprimé sur la vapeur.   7
De quelle manière l'air comprimé pourra produire un
    mouvement régulier et continu.   10
De l'air comprimé obtenu gratuitement.   15
De l'air comprimé par l'action de la vapeur.   16
L'air comprimé, ou la force peut se transvaser, se trans-
    porter et se mettre en réserve.   17
L'air pourra se comprimer au degré le plus élevé. . . .   19
Des roues éoliques et hydrauliques.   22
Des pompes foulantes.   25
Des récipients.   26
Des réservoirs.   29
Du régulateur.   31
L'air comprimé amènera une grande simplification dans
    les machines.   33

APPLICATIONS DIVERSES.

Application de l'air comprimé aux machines fixes. . . .   41
    —   à la locomotion sur les chemins de fer. . . .   44
    —   à la locomotion sur les voies ordinaires. . . .   50
    —   à la navigation.   52
    —   à l'agriculture.   55
    —   à la défense des villes de guerre.   61
    —   à la perforation de la terre.   64
    —   aux voies pneumatiques.   66
    —   à la navigation aérienne.   72
Résumé   80

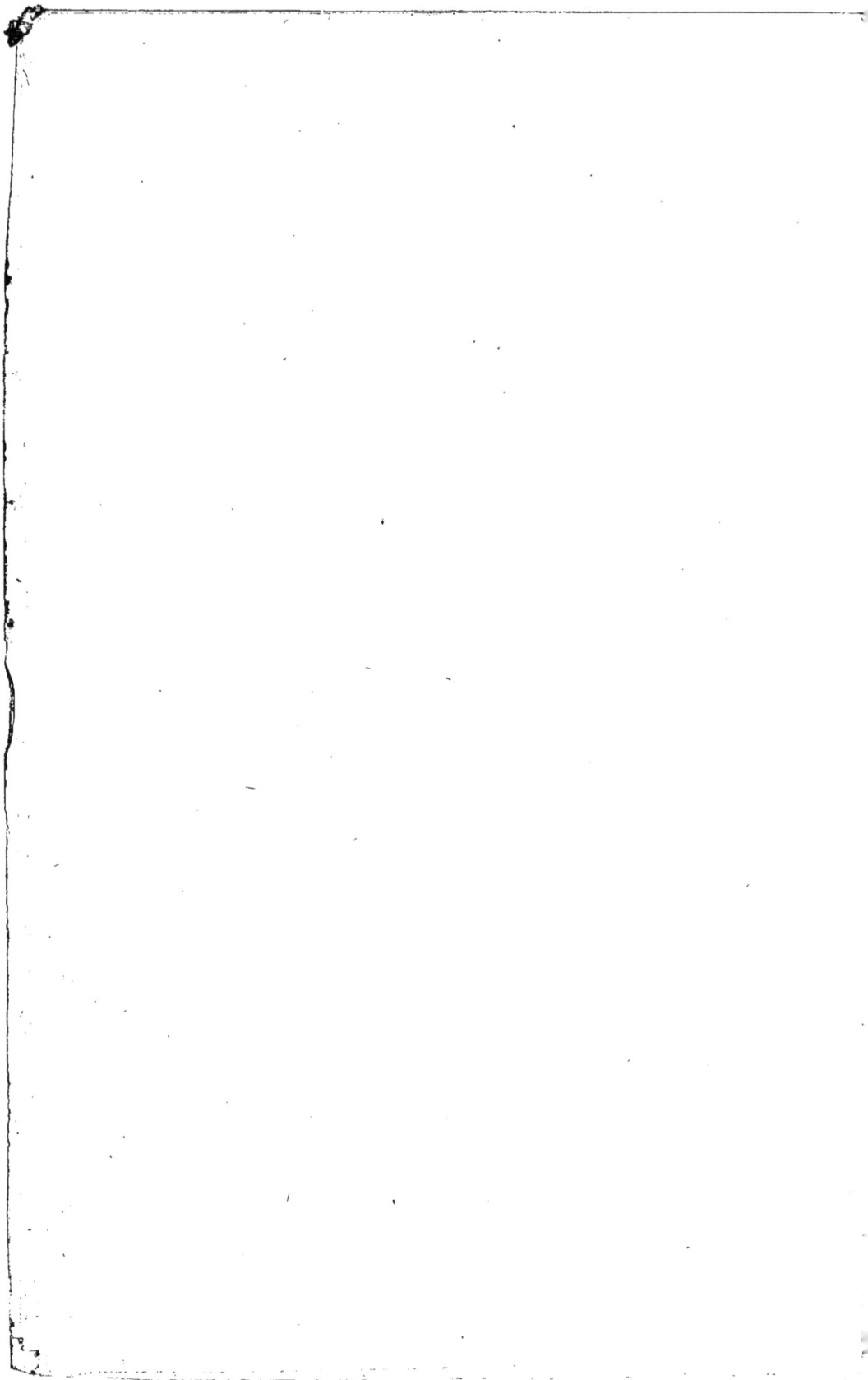

Quand, dans cettuy monde, une nation se fait trop
populeuse, les plus mal-endurants s'en vont querir au
loin, en quelqu'île déserte, une terre plus plantureuse
pour y vivre à l'aise. Il en va de même au monde intel-
lectuel : s'il advient que la masse des idées se sente à
l'estroit es vieilles limites de la sapience, les plus hazar-
deuses sautent par dessus ces limites et courent à la découverte de quelque belle théorie inhabitée pour s'y
ébattre joyeusement. Croyez que le temps est venu de
telles émigrations : à l'heure qu'il est, quantité d'esprits
voyagent, comme ce bon Christophe le génois, à la
recherche d'un monde nouveau. — Or, il arrive pour
l'ordinaire, car Dieu ainsi le veut, que celui qui le premier voit quelque chose à l'horizon, et le premier crie :
Terre! terre! est le plus obscur et incognu de l'équi-
page.   MONTAIGNE.

THÉORIE.

EXPOSITION.

Je me propose de rendre meilleures toutes les conditions de l'industrie humaine, en indiquant l'emploi d'une force immense que la nature nous offre partout avec profusion.

Je dirai comment cette force, recueillie gratuitement, peut se mettre en réserve pour être employée en temps et lieux convenables.

Tous les actes du travail qui donne la vie à nos sociétés, s'opèrent par la force brute réglée par l'intelligence. Mais cette force n'a pas été toujours la même ; il est bon d'observer les modifications qu'elle a subies à travers les siècles. Dans les premiers temps, l'homme n'usait que de sa propre force ; plus tard il emprunta celle des animaux domestiques ; plus tard encore, la chute des eaux, et enfin, de nos jours, l'expansion de la vapeur. Or, nous remarquons que la force de l'homme est plus faible et plus coûteuse que celle des animaux ; que la force des animaux est plus faible et plus coûteuse que celle des chutes d'eau, et que la force des chutes d'eau (bien placées) est plus faible et plus coûteuse que celle de la vapeur. Le terme naturel de cette progression est d'arriver à une force d'une puissance indéfinie et qui ne coûte rien.

Eh bien ! cette force, destinée à changer la face du monde matériel, et par suite du monde moral, elle réside dans l'expansion de l'air comprimé.

DE L'AIR COMPRIMÉ COMME MOTEUR UNIVERSEL.

—

Le fluide qui enveloppe notre globe renferme non seulement tous les éléments de la vie, mais aussi toutes les puissances dynamiques que l'homme doit soumettre aux calculs de son intelligence, et dans lesquelles il doit puiser un jour l'affranchissement du travail matériel.

L'air en liberté se fait toujours équilibre et n'exerce sur les corps aucune pression ; mais lorsqu'il est renfermé et qu'on le resserre dans un espace plus étroit que celui qu'il occupe étant libre, il manifeste une force expansive d'autant plus énergique que la pression est plus considérable.

Pour évaluer cette force d'expansion, on a calculé le poids de l'air ; on a trouvé que sur une base donnée, une colonne d'air qui aurait pour hauteur l'épaisseur de l'atmosphère, pèse autant que le ferait une colonne d'eau de 32 pieds, ou qu'une colonne de mercure de 28 pouces ; c'est là ce qu'on appelle le poids de l'atmosphère.

L'air étant compressible à l'infini, on comprend qu'on peut lui donner une force expansive illimitée et le rendre capable de soulever le poids de plusieurs atmosphères. On cite des expériences où l'on a comprimé l'air jusqu'à 114 et même 120 atmosphères ; c'est un ressort qu'on bande autant qu'on veut et qui ne casse jamais.

Je viens donc proposer d'admettre l'air comprimé comme moteur universel, et de le substituer partout à la vapeur d'eau et aux autres agents mécaniques.

J'exposerai les moyens d'exécution qui me paraissent les plus convenables, et je dirai quelles applications peuvent être faites du nouveau moteur au service des usines et fabriques, à la navigation, à la locomotion, à l'agriculture et à d'autres grandes industries inconnues auxquelles ce moteur donnera naissance.

SUPÉRIORITÉ DE L'AIR COMPRIMÉ SUR LA VAPEUR.

—

L'emploi de la vapeur d'eau est accompagné de nécessités fâcheuses, surtout dans le service des bateaux et des locomotives. Cette fumée qui offusque et salit, ces approvisionnements d'eau et de charbon qui encombrent les convois et occasionnent tant de dépenses, ces fournaises si difficiles à conduire et d'où sortent tant de catastrophes, tout cela tempère considérablement la juste admiration que nous inspirent ces prodiges de force et de vitesse. Mais de tous les inconvénients de la vapeur, le plus grand est qu'elle doit être employée au moment même où elle est formée ; nuls moyens d'en faire économie ni réserve.

L'air comprimé ne présente aucun de ces désavantages : il se puise partout gratuitement ; il est sans pesanteur appréciable ; il peut se mettre en réserve et se conserver, comme nous le dirons plus loin ; un enfant peut sans peine et sans danger en régler l'émission. Toute la question se réduit donc quant à présent à substituer aux chaudières, dans les machines à vapeur, des récipients chargés d'air comprimé.

Nous ne parlerons pas ici de la solidité qu'il conviendra de donner à ces récipients; nous reviendrons plus tard sur cet objet d'une haute importance ; nous nous bornerons seulement à faire observer qu'à dimensions et résistance égales, un récipient rempli d'air comprimé pourra subir une pression beaucoup plus considérable que s'il renfermait de la vapeur ; car dans le premier cas la température demeure à peu près étrangère à l'action de la force, tandis que dans le second cas la puissance expansive de la vapeur ne s'obtient et n'agit que par un développement excessif de chaleur, et que cette chaleur même tend à désunir les molécules de la matière dont est composé le récipient ; d'où il suit qu'on diminue la force de ce récipient, à mesure qu'on l'oblige à résister davantage ; absurdité nécessaire, cause de toutes les explosions.

Admettons donc en principe que tel vase chargé de vapeur et soumis à l'action d'un feu violent, éclatera avant d'avoir subi, par exemple, une pression de vingt atmosphères, qui en aurait supporté soixante s'il eût été chargé à froid d'air comprimé.

Sur ce fait, avoué par la théorie et consacré par la pratique, repose en partie le système que nous allons développer.

DE QUELLE MANIÈRE L'AIR COMPRIMÉ POURRA PRODUIRE UN MOUVEMENT RÉGULIER ET CONTINU.

—

Une objection se présente : dans les machines à vapeur, la force motrice produit un mouvement continu parce qu'elle est sans cesse renouvelée par l'action du feu. Comment l'air comprimé remplira-t-il les mêmes conditions, lui qui ne se reproduit pas instantanément? Le voici :

Supposons un récipient appliqué à une locomotive destinée à parcourir un certain trajet. Admettons que la capacité de ce récipient soit cinq cents fois plus considérable que la capacité du cylindre ou corps de pompe où se meut le piston, et que l'air s'y trouve comprimé à soixante atmosphères.

On sait que les machines à vapeur fonctionnent à la pression commune de trois atmosphères ; il faudra donc régler les choses de telle sorte que l'air passe du récipient dans le cylindre à la pression constante de trois atmosphères, à quoi l'on parviendra au moyen d'un petit récipient intermédiaire auquel je donne le nom de *régulateur*, et que je décrirai en son lieu.

Or notre récipient, chargé à soixante atmosphères, et contenant cinq cents fois la capacité du cylindre, équivaudra à un réservoir contenant dix mille fois la capacité du cylindre à la charge de trois atmosphères. Nous pourrons donc remplir et vider dix mille fois le cylindre, c'est-à dire obtenir cinq mille *va-et-vient* du piston, ou, en d'autres termes, cinq mille tours de roue. Si la roue porte quatre mètres de circonférence, la locomotive parcourra vingt mille mètres ou cinq lieues.

Les chiffres sur lesquels je viens d'argumenter sont hypothétiques; l'expérience décidera s'ils sont au-dessus ou au-dessous du terme que l'on pourra atteindre. Je voulais seulement établir un principe et non en fixer les limites; je suis néanmoins convaincu qu'il sera facile, avec un seul récipient, de parcourir des trajets de huit à dix mille mètres.

Lorsque je parlerai de l'application du nouveau

moteur à la locomotion, j'indiquerai de quelle
manière se renouvellera l'air comprimé à chaque
station.

DE L'AIR COMPRIMÉ OBTENU GRATUITEMENT.

—

L'air auquel nous avons reconnu une faculté de compression et une puissance d'élasticité capables de répondre aux besoins les plus étendus de l'industrie, l'air cependant ne nous est pas donné dans cet état de tension qui le rend si précieux. Ce fluide tel qu'il se présente à nous, se fait perpétuellement équilibre à lui-même, et ne serait ainsi d'aucune utilité pour produire le mouvement. Pour transmettre la force, il faut qu'il l'ait préalablement reçue, et à cet égard, il se trouve assujetti à la même nécessité que tous les autres agents mécaniques. Les animaux puisent leur force dans l'alimentation, la vapeur d'eau puise la sienne dans la combustion de la houille. Ce sont là des causes incessantes de dépenses. Pour comprimer l'air, faudra-t-il aussi emprunter à grands frais le secours d'une force étrangère? Ce serait reculer la difficulté sans la résoudre. Voilà ce qui a toujours arrêté la question, car on sait depuis long-temps toute l'énergie de l'air comprimé, et l'on n'a pas songé à en tirer parti.

Le problème se réduit donc à trouver le moyen de comprimer l'air *gratuitement*. Eh bien, la nature qui renferme tout, vient encore à notre aide ; elle nous présente partout, toujours, et avec profusion, des forces qui ne coûteront que le soin de les recueillir. Ces forces données gratuitement résident dans la *marche des eaux* et dans la *course des vents*. Il y a dans le courant du Rhône mille fois plus de forces qu'il n'en faudrait pour faire mouvoir toutes les mécaniques du monde.

Voici donc ce que je propose : établir partout où besoin sera des roues éoliques et hydrauliques ; adapter à chacune de ces roues une pompe foulante qui comprime l'air dans un récipient, et employer cet air comprimé comme moteur universel.

Remarquez que le système dynamique dont je veux poser les bases ne repose que sur la combinaison ignorée de trois pouvoirs fort connus et pratiqués depuis des siècles ; l'homme n'invente rien, il ne fait que découvrir des rapports. Il y a long-temps que l'air comprimé dans des soufflets active le feu de nos fourneaux ; la plupart de nos usines et de nos fabriques se meuvent par l'action des eaux courantes ; d'innombrables navires sillonnent les mers en ouvrant leurs ailes au souffle des vents. Mais ces trois puissances n'ont agi jusqu'à ce jour qu'isolément ; réunissons-les, et de leur concours nous verrons sortir les merveilles d'un nouveau monde.

DE L'AIR COMPRIMÉ PAR L'ACTION DE LA VAPEUR.

—

En attendant que l'industrie puisse disposer avec profit du secours gratuit des roues éoliques et hydrauliques pour comprimer l'air, je propose d'employer la force de la vapeur à cette opération. Il est vrai que cette force ainsi transformée représentera une certaine valeur qu'on aurait pu économiser ; mais il restera l'inappréciable avantage d'avoir en réserve une force dont on usera sans embarras en temps utiles et en lieux convenables. Il est bien entendu que cet emploi de la vapeur comme agent de compression, n'est que transitoire. Je ne l'indique qu'en vue de presser le cours des expériences qui seront faites ; le but principal de mon système étant d'obtenir des forces gratuites, il faut qu'on tende à l'emploi général des roues éoliques et hydrauliques.

—

L'AIR COMPRIMÉ, OU LA FORCE, PEUT SE TRANSVASER, SE TRANSPORTER ET SE METTRE EN RÉSERVE.

—

Les vents et les eaux courantes auxquels nous empruntons la force que nous voulons communiquer à l'air en le comprimant, n'agissent pas d'une manière constante : les vents ne soufflent que par caprices, les eaux tarissent, débordent ou gèlent ; et d'ailleurs les besoins de l'industrie ne sont pas sans interruptions ; l'homme qui dirige tout travail, a besoin de repos ; il est donc d'une importance capitale de pouvoir recueillir la force, et de la mettre en réserve pour la transporter là où elle est utile, et l'employer lorsqu'il en est besoin. Or il est évident que le système que nous proposons répond parfaitement à ces nécessités. Nous avons dit qu'à chacune de nos roues éoliques ou hydrauliques est adaptée une pompe foulante qui comprime l'air dans un récipient ; il est aisé de concevoir qu'il

2

sera facile de détacher ce récipient de la pompe, et d'y substituer un récipient vide, lequel fera plus tard place à un autre, et ainsi de suite. On conçoit également que les vases remplis d'air comprimé au degré voulu, et que nous supposons d'ailleurs hermétiquement fermés, pourront être facilement transportés d'un lieu dans un autre et gardés en réserve. Il faut qu'on arrive à ce point, que chacun puisse avoir des *forces* en magasin, comme on a aujourd'hui des chevaux à l'écurie pour le travail du lendemain. Il s'établira en lieux convenables des réservoirs à poste fixe où chacun viendra, avec son vase vide, puiser de la *force*, moyennant une faible rétribution, comme nous voyons dans Paris les porteurs d'eau emplir leurs tonneaux aux fontaines publiques. La *force* deviendra marchandise qu'on fabriquera et qu'on vendra.

L'AIR POURRA SE COMPRIMER AU DEGRÉ LE PLUS ÉLEVÉ.

—

Je n'entends pas développer ici la théorie des
forces ni les principes de leur génération ; ce sont
choses connues auxquelles seulement je réserve dans
mon système de larges applications ; je me bornerai
à dire qu'au moyen des roues éoliques et hydrauliques que je multiplie sur tous les points du territoire pour y récolter les forces gratuitement, on
pourra parvenir à comprimer l'air au degré le plus
élevé. D'abord je recommande de placer ces agents
dans les positions les plus convenables : pour les
roues hydrauliques, on choisira les chutes d'eau
sans emploi, les courants les plus rapides ; pour
les roues éoliques, les hauteurs et les gorges où le
vent souffle avec le plus de constance et le plus
d'énergie. Je laisse aux mécaniciens le soin d'étudier le meilleur système à employer pour communiquer le mouvement aux pompes foulantes. Ils

comprendront que du rapport qui sera établi entre ces pompes et les roues qui les mettront en jeu, résultera le degré de pression exercée sur l'air. Plus sera grand le rayon des roues motrices, eu égard à la force des pompes, plus la pression obtenue sera considérable. Quelle que soit la force première dont on dispose, on arrivera à en obtenir la pression la plus élevée, si on y met le temps.

Quant au degré de pression auquel on pourra parvenir, nous avons, par des expériences faites récemment à Paris sur le gaz hydrogène, l'assurance qu'on pourra atteindre et dépasser soixante atmosphères. Les récipients qui ont servi dans ces expériences n'étaient cependant formés que d'une tôle assez mince. Nous avons déjà dit qu'en Angleterre on a comprimé l'air jusqu'à cent quatorze, et même cent vingt atmosphères. On ira plus loin.

J'indique ici, comme moyen d'obtenir sur-le-champ, sans le secours des pompes, un degré plus élevé de l'expansion de l'air comprimé, de placer sous les récipients déjà remplis des lampes allumées ou des réchauds; l'action de la chaleur doublera le ressort de l'air. J'engage néanmoins à mettre beaucoup de réserve et de précautions dans les expériences qui pourront être faites sur ce point. Les explosions peuvent être à craindre; l'air comprimé à froid par le jeu lent des pompes foulantes peut arriver sans danger au plus haut degré de condensation ; il n'en est pas de même si la compression est subite : tout le monde connaît les effets du briquet à air comprimé.

J'ai imaginé un moyen de fouler l'air à un degré indéfini avec des pompes de force médiocre ; je me propose d'en faire plus tard l'objet d'un travail spécial. Je me borne, quant à présent, à dire que je fais mouvoir ces pompes dans l'intérieur de récipients qui contiennent déjà de l'air comprimé à un certain degré ; les récipients communiquent entre eux au moyen de tuyaux garnis de valves. J'en ai dit assez pour faire comprendre le jeu des pompes intérieures dont chacune refoule de l'air déjà comprimé dans un récipient voisin contenant de l'air plus comprimé encore. Le présent écrit ne peut, à cause de l'immensité du sujet, que contenir des indications.

DES ROUES ÉOLIQUES ET HYDRAULIQUES.

—

On préférera, lorsqu'on en aura le choix, l'emploi des roues hydrauliques à l'usage des roues éoliques, parce que ordinairement l'action des eaux est plus constante et plus énergique que celle des vents. Mais, dans tous les cas, j'engage les mécaniciens qui s'occuperont de ces agents générateurs de la force, à ne jamais perdre de vue que le but principal de notre système est d'obtenir des forces gratuites : il faudra donc que ces roues à eau ou à vent, de composition simple, mais forte, puissent s'établir à peu de frais, et fonctionner sans entretien ni surveillance. Quant aux formes qu'il faudra donner à ces roues, je me propose de décrire autre part quelques modèles qui me paraissent convenables; jusque là je renvoie aux divers traités qui ont pour objet spécial cette partie de la mécanique.

DES POMPES FOULANTES.

—

Nous touchons aux difficultés matérielles de l'affaire. L'ensemble du système des forces gratuites et réservées repose, ce nous semble, sur des données fort simples, et que l'esprit le plus ordinaire peut facilement comprendre ; mais nous ne nous dissimulons pas que beaucoup d'obstacles en ralentiront le développement, à cause de l'extrême précision qu'il faudra apporter dans l'exécution des machines, notamment des pompes et des récipients. L'air est d'une subtilité excessive, et d'autant plus grande qu'il est plus violemment comprimé. Ce ne sera pas trop du concours de tous les ouvriers habiles et de la constance de leurs efforts pour arriver à fabriquer des vases hermétiquement clos et assez forts pour lutter avec avantage contre la force expansive de l'air emprisonné. Au temps où vivait Papin on connaissait parfaitement la puissance de la vapeur, cet homme éminent a fort bien expliqué comment on pourrait l'employer comme moteur au moyen de cylindres où joueraient des pistons ; mais on manquait alors d'ouvriers qui sussent fabriquer des cylindres : il a fallu plus de cent ans pour en arriver là. Nous sommes à cet égard dans une position plus heureuse que celle où se trouvait Papin : aujourd'hui tous les esprits, vaguement préoccupés de la pensée qui me domine, sont convaincus que la vapeur n'est pas le dernier mot de l'industrie ; tout le monde pressent quelque chose au-delà, et si ce quelque chose est clairement indiqué ici comme je crois l'avoir fait, chacun travaillera à en assurer la réalisation ; moi-même j'y ferai de mon mieux : non content d'avoir posé mon système en théorie, je m'appliquerai à l'affermir par la pratique.

Les pompes foulantes seront l'agent mécanique le plus généralement employé pour la génération des forces gratuites. Ces pompes sont fort connues ; elles s'emploient déjà dans mille circonstances, mais rarement pour exercer des pressions qui dépassent cinq ou six atmosphères. Il y aura donc à porter une attention particulière sur la fabrication de ces pompes qui devront pouvoir fonctionner jusqu'à la puissance moyenne de soixante atmosphères. Je conseillerai aussi de les construire à *double pression ;* car la force qui les mettra en mouvement ne coûtant rien, il n'y aura pas lieu à l'économiser, et il y aura avantage à ne pas perdre de temps, en ayant soin d'utiliser le va-et-vient du piston qui opérera directement d'un seul coup l'aspiration de l'air et sa pression.

Je rappellerai aussi que ces machines dont on aura à fabriquer des quantités immenses, devront pouvoir se vendre à bon marché, et ne pas exiger de surveillance coûteuse. On aura soin de les enfermer dans des boîtes qui les protègent contre tout accident.

Au reste, je prévois que, dans un temps plus ou moins éloigné, on se dispensera des pompes, et qu'on inventera pour comprimer l'air des moyens plus simples et plus énergiques.

DES RÉCIPIENTS.

—

Voici la pièce capitale du système. Le vase dépositaire de la force doit réunir au plus haut degré possible la solidité et la légèreté. C'est vers ce double but que j'engage les fabricants à diriger leurs efforts. Si les récipients doivent opposer une résistance toujours supérieure aux efforts de l'air comprimé, il ne faut pas oublier non plus qu'ils doivent se transporter facilement d'un lieu dans un autre, et qu'il y a grand intérêt à ce qu'ils ne surchargent pas trop les voitures légères auxquelles on les appliquera comme moteurs. Il y aura surtout nécessité de les construire fort légers lorsqu'ils seront employés, comme on le dira, à la locomotion aérienne.

Dans les circonstances où la légèreté du récipient ne sera pas une condition essentielle, et lorsqu'on voudra obtenir un très haut degré de pression, peut-être y aura-t-il avantage à tubuler l'intérieur du récipient. J'engage à faire des expériences dans le sens de cette indication.

Quant à la matière à employer de préférence pour la fabrication des récipients, les métallurgistes, ou mieux les expérimentateurs, décideront. Je crois le fer doux laminé fort convenable.

Comme on aura besoin de ces récipients pour les usages les plus vulgaires, et que, dans plusieurs circonstances, le bon marché sera une condition indispensable, je crois qu'on pourra construire de ces récipients en bois doublé de zinc et garni au dehors de bons cercles en fer. L'expérience prononcera aussi sur ce point.

Quant à la forme, je ne vois rien de mieux que celle qu'on a jusqu'à ce jour adoptée pour les chaudières à vapeur : un cylindre terminé par deux hémisphères. C'est la forme la plus rationnelle après la forme sphérique, laquelle n'est pas admissible à cause de l'incommodité qu'elle présente.

Il va sans dire que les récipients seront munis de soupapes de sûreté, lesquelles laisseront échapper l'air lorsqu'il sera arrivé au degré de pression voulu. On fera bien peut-être de supprimer les poids qui pèsent ordinairement sur ces soupapes, et d'y substituer l'action des ressorts, parce qu'il faudra retrancher toute surchage inutile. Je donnerai le dessin d'une soupape de sûreté telle que je la comprends : elle s'appliquera à toute sorte de pressions et remplira en même temps les fonctions d'un dynamomètre très sensible,

———

DES RÉSERVOIRS.

—

Les réservoirs ne diffèrent des récipients qu'en ce qu'ils sont établis à poste fixe, qu'ils sont de capacité plus considérable, et construits avec plus de solidité pour supporter une pression plus forte. Les réservoirs reçoivent immédiatement la force que leur communiquent les pompes foulantes, ou sont alimentés par des récipients qui leur apportent la force recueillie au loin.

C'est aux réservoirs qu'on vient, avec des récipients vides, puiser de la force au moyen de tuyaux de communication munis de robinets.

Les réservoirs, ainsi que les récipients, seront enduits à l'extérieur et à l'intérieur; à l'extérieur, pour les préserver de l'action de l'air ambiant; à l'intérieur, pour que l'enduit poussé violemment par l'air comprimé s'introduise dans toutes les fissures ou pores par où cet air pourrait s'échapper.

Cette question de la clôture hermétique des vases dépositaires de la force est capitale. Je recommande particulièrement cet objet à l'attention des fabricants.

DU RÉGULATEUR.

—

Nous avons dit que pour employer l'air comprimé comme moteur, il fallait qu'il passât du récipient qui le renferme, dans le cylindre où joue le piston qui communique le mouvement; mais on conçoit que ce passage de la force doit être réglé de manière à ce qu'elle agisse dans le cylindre avec une puissance constante. Or, si la transmission de l'air comprimé s'opérait directement par une certaine ouverture, il est évident que le piston recevrait un choc violent lorsque l'air comprimé se précipiterait dans le cylindre, ce qui briserait tout ou du moins occasionnerait un mouvement trop rapide. Il est évident aussi que ce mouvement se ralentirait bien vite et qu'il diminuerait à mesure que l'air se déprimerait; de là une action irrégulière dont on ne pourrait rien tirer de bon. La première idée qui se présente pour obvier à ces inconvénients c'est de n'introduire l'air comprimé dans le cylindre que par une ouverture d'abord fort petite et qui s'élargit à mesure que la tension de l'air diminue. Ce serait le travail d'un homme intelligent attaché au service du robinet. Mais cette obligation d'avoir toujours là un homme qui règle l'action de la force, est un embarras et une cause de dépense contraire à notre principe qui est d'obtenir des forces gratuites. Je veux donc disposer les choses de telle sorte que l'air comprimé en sortant du récipient, s'ouvre lui-même la porte, de manière à n'arriver dans le cylindre que sous une pression déterminée. A cet effet, j'ai imaginé un petit appareil dont je donnerai la description en temps convenable. Cet appareil, d'une grande simplicité, a quelque analogie avec le mécanisme que renferment les vases à gaz comprimé et que tout le monde connaît.

Je donne à cet appareil le nom de régulateur; on l'emploiera de préférence pour toutes les machines à poste fixe. Quant aux machines qui desserviront des locomotives, j'indiquerai par quel moyen les conducteurs peuvent régler la force motrice avec une extrême facilité.

L'EMPLOI DE L'AIR COMPRIMÉ AMENERA UNE GRANDE SIMPLIFICATION DANS LES MACHINES.

—

La substitution de l'air comprimé à la vapeur doit amener à simplifier considérablement les machines : plus d'approvisionnements d'eau et de charbon, plus de fourneaux, plus de cheminées, plus de lourdes chaudières ; c'est-à-dire plus de surcharge et d'encombrement, plus de dépenses. Mais ce n'est pas assez ; marchons toujours : de si riches conquêtes nous excitent à pousser plus avant. Ne pourrions-nous pas encore améliorer tout ce mécanisme qui transmet la force ? Par exemple, ce mouvement rectiligne de va-et-vient transformé en mouvement circulaire ; ce cylindre de longueur bornée où, par le jeu alternatif du piston, la force se refoule continuellement sur elle-même et s'épuise ; cette bielle qui agit si misérablement, qu'un grand tiers de la force vient se perdre sur l'axe de

3

la roue qu'il veut faire tourner ; tout cela m'a toujours déplu. Je voudrais qu'au sortir du récipient, l'air comprimé vînt agir avec toute sa force, directement et par la tangente, sur la circonférence de la roue à faire mouvoir, comme l'eau des moulins tombe sur les roues à augets. De toutes les améliorations de détail qui doivent résulter de notre système, il n'en est aucune qui ait été pour moi l'objet d'une étude plus constante ; car, en dehors même de la question de l'air comprimé, je ne sache pas qu'il y ait, dans la science dynamique, un problème plus important à résoudre que le tournoiement des roues par l'action immédiate et directe de la force motrice. J'ai voulu connaître ce qui a été fait à ce sujet en Angleterre, pays de la mécanique. Watt méditait quelque chose de mieux que les admirables inventions qu'il nous a laissées sur les machines à vapeur ; il a écrit quelque part : « Je me propose de construire des machines à *cylindres annulaires*. » S'il n'a pas résolu le problème, il lui reste du moins la gloire de l'avoir posé. Beaucoup d'ingénieurs ont attaché leurs noms, par des essais plus ou moins heureux, à cette question non encore vidée : Cooke, Welman Wright, Stadeler, Friman, Ève, Murdock, Hornblower, Flint, Cleeg, et de nos jours lord Cocrane, ont proposé des roues à vapeur. Je ne connais pas la machine du lord ; toutes les autres m'ont paru vicieuses, parce qu'aucune d'elles n'est construite de manière à pouvoir instantanément tourner en sens contraire, et que toutes, celle de Stadler exceptée, comportent des valves à charnières. Quelques essais ont eu lieu aussi en France : j'ai vu une roue où la vapeur agit par *réaction,* et une autre où elle agit par *entraînement.* La puissance de ces deux machines me semble fort limitée. Il faut pour arriver à une bonne solution, que la vapeur soit emprisonnée et qu'elle agisse par *expansion.* — J'ai trouvé, dans une revue britannique des arts et métiers, le croquis d'une roue à vapeur qui m'a paru conçue dans de bons principes, bien que je sois persuadé qu'elle ait mal fonctionné si elle a été construite suivant la description que j'en ai lue ; mais j'ai pensé qu'on en pouvait tirer parti ; je l'ai corrigée en tout ce qu'elle m'a semblé avoir de défectueux, et je l'ai amenée, je crois, à un point de perfection tel, qu'on en peut attendre les meilleurs résultats. J'ai fait construire le modèle de cette machine rotative, afin d'en rendre l'intelligence plus facile. J'en donnerai le dessin et la description lorsque je traiterai des voies et moyens à la suite du présent écrit.

Si, comme j'en ai la conviction, on parvient à introduire dans la mécanique l'emploi de la roue à vapeur (la mienne ou toute autre), le système de l'air comprimé en recevra son plus riche complément, surtout, comme nous le verrons plus loin, en ce qui concerne les actes de locomotion ou de navigation, pour lesquels le mouvement circulaire pourra s'employer directement.

Je suis d'avis néanmoins qu'il faut conserver les cylindres à piston droit pour tous les cas où l'on emploie directement le mouvement de va-et-vient, comme dans les machines à fabriquer le chocolat, dans les scieries à scies droites, dans les pompes de toute espèce. On a peine à s'expliquer pourquoi, dans ces différents cas, nos mécaniciens transforment le mouvement de va-et-vient en mouvement circulaire, pour transformer immédiatement ce mouvement circulaire en mouvement de va-et-vient. Il y a là évidemment perte de force et complication inutile des machines.

Cette anomalie mécanique provient sans doute de ce qu'on se sert fort commodément du mouvement circulaire pour obtenir alternativement l'ouverture et la fermeture des robinets ou tiroirs par lesquels la vapeur s'introduit dans le corps de pompe, ou en sort. Mais on peut très bien pour cela se passer du mouvement circulaire ; rien n'est

plus facile en effet que de confier au piston lui-
même le soin d'ouvrir et de fermer la porte à la vapeur. J'en indiquerai le moyen, qui est d'une extrême
simplicité ; je donnerai aussi le dessin d'une sorte
de bielle que j'ai imaginée : au moyen de cette
bielle qui agit constamment par la tangente, chaque coup de piston peut produire plusieurs tours
de roue à la fois; d'où il résulte que, dans les mou-
vements rapides, les machines sont moins ébranlées
et durent plus long-temps.

APPLICATIONS DIVERSES.

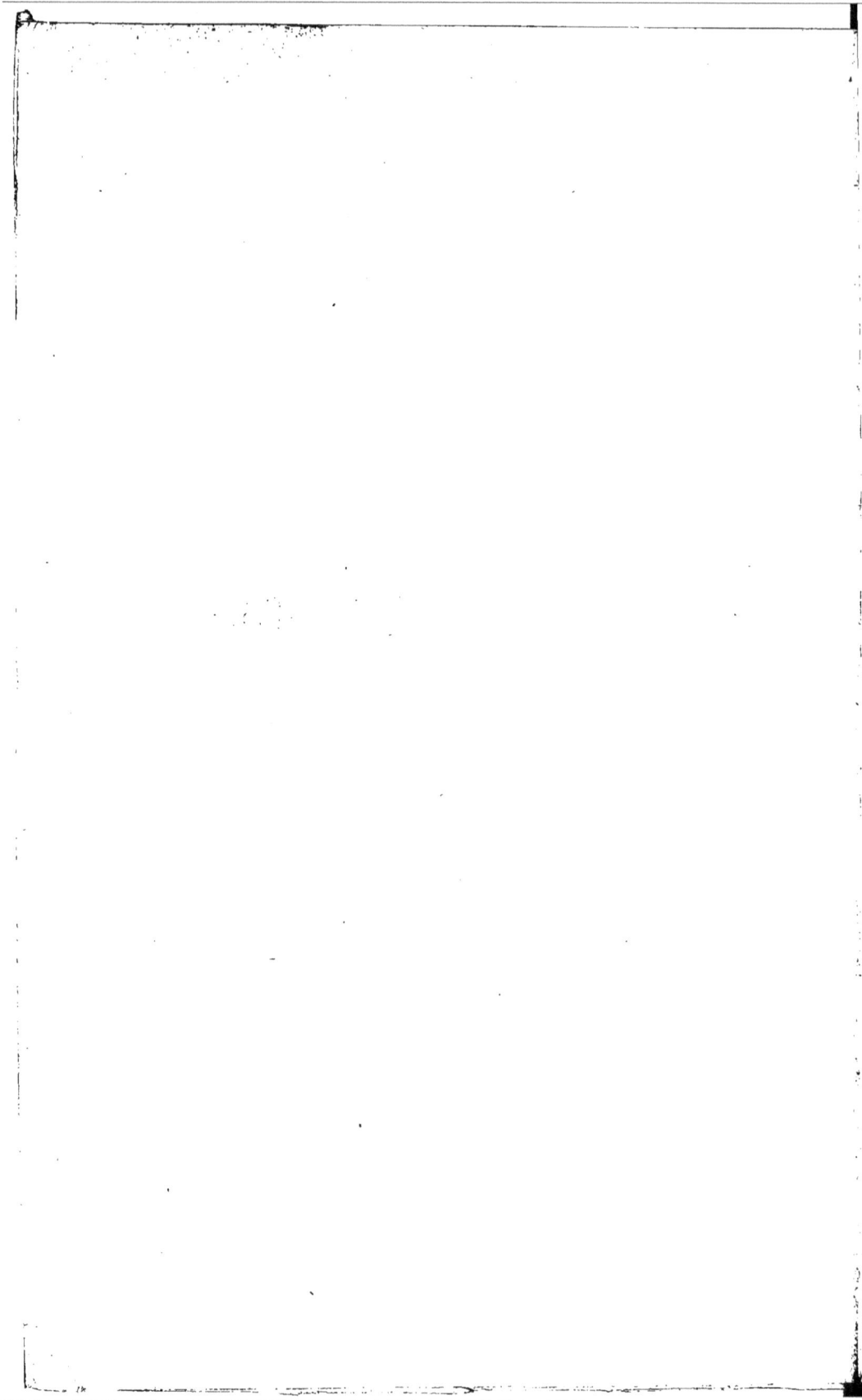

APPLICATION DE L'AIR COMPRIMÉ AUX MACHINES FIXES.

—

Nous avons proposé d'admettre l'air comprimé comme moteur universel ; il est bien entendu que ce n'est qu'à titre de force recueillie gratuitement par les vents ou par les eaux, et mise en réserve pour être employée en temps et lieux convenables ; car si l'on avait à appliquer directement et sur place la force de ces deux moteurs, à quoi bon la transformer ? Je veux donc qu'on ne change rien au régime des machines éoliques et hydrauliques existantes, et telles qu'on a coutume de les employer maintenant. Mais si la puissance du vent ou des eaux dont vous pouvez disposer se manifeste loin des lieux où il vous serait utile d'en faire emploi, recueillez-la comme j'ai dit, et transportez-la où vous en avez besoin.

Il arrive souvent qu'on possède une chute d'eau d'une certaine puissance, et dont on ne se sert que par intervalles (pendant le jour, par exemple, et non pendant la nuit); dans ce cas il est évident qu'il y aura avantage à recueillir durant le chômage la force qui se perd, afin de l'utiliser à la reprise du travail; de cette manière une chute d'eau ou un courant de la force de vingt chevaux rendra le service d'un moteur de la force de quarante. Même chose, mais en sens inverse, à l'égard des agents éoliques: votre moulin à vent produit une force bien supérieure à celle que demanderait le travail auquel il est destiné, mais ce travail est souvent interrompu, parce que le moteur souffle par caprice. Eh bien, pendant que le vent déploie une surabondance de force, au lieu de replier vos ailes, recueillez cet excédant de force qui se perd, mettez-le en réserve pour en user dans les moments de calme; vous pourrez ainsi obtenir une action continue là où vous n'agissiez que par intermittence.

Les préceptes que nous indiquons doivent recevoir particulièrement leur application dans les grands établissements industriels, tels que manufactures, usines, fabriques, moulins, etc.

Je pense que les travaux d'extraction des carrières et des mines deviendront plus faciles, plus prompts et plus économiques par l'emploi des forces mises en réserve; car d'ordinaire il sera facile de monter des fabriques de force dans le voisinage de ces sortes d'établissements.

J'entends enfin que le moteur gratuit que je propose trouve sa place chez tous les artisans où il est fait emploi de la force brute, tels que tourneurs, menuisiers. potiers, etc., et même dans toutes les maisons, pour le puisement ou l'élévation des eaux.

Il est entendu que je laisse aux mécaniciens le soin d'étudier les meilleurs moyens d'application; ce sont affaires de détail.

Que si je porte ma pensée sur l'avenir, j'estime qu'il arrivera un temps où les autorités municipales établiront dans les villes de vastes réservoirs d'air comprimé où tout le monde ira, pour les menus besoins domestiques puiser de la force, devenue objet d'utilité première, comme on va aujourd'hui puiser de l'eau à nos fontaines publiques.

APPLICATION DE L'AIR COMPRIMÉ A LA LOCOMOTION SUR LES CHEMINS DE FER.

Par fortune, l'industrie des voies de fer, qui est destinée à recevoir du nouveau moteur le secours le plus nécessaire, est aussi celle où son application sera la plus facile. Il suffit de comparer ce qui est à ce qui sera. Comment les choses se passent-elles sur les chemins de fer, tels que nous les avons aujourd'hui ? Une lourde locomotive, embarrassée de son approvisionnement d'eau et de charbon, traîne à la remorque une suite de voitures attachées les unes aux autres. Cette fournaise voyageuse ne saurait marcher autrement qu'à la tête d'un convoi, en voici la raison : la locomotive, qui a coûté fort cher à construire, exige de grands frais d'entretien et des dépenses considérables d'alimentation ; il faut donc, pour couvrir tout cela, qu'elle serve, elle seule, à transporter une grande masse de marchandises ou un grand nombre de voyageurs, sans quoi il y aurait perte. C'est déjà une nécessité fâcheuse que de ne pouvoir marcher avec profit qu'en grandes caravanes, parce qu'il n'y a pas toujours possibilité de former ces nombreuses réunions de voyageurs. Remarquez en outre que la locomotive recevant le mouvement sur un seul essieu, deux de ses roues seulement mordent le rail pour entraîner le convoi, de sorte que si le chemin présente une certaine pente, les deux roues d'action tournant sur elles-mêmes sans produire d'effet, le convoi s'arrête ou recule; il suit de là que les constructeurs de chemins de fer sont obligés, pour arriver à un certain maximum de pente, à des dépenses énormes en déblais et en remblais, en viaducs et en souterrains. Les frais de traction et les frais de péage sont donc nécessairement fort élevés.

Mais admettez que l'air comprimé soit substitué à la vapeur, tout va changer de face : la locomotive, affranchie de son approvisionnement d'eau et de charbon, n'aura plus à porter qu'un récipient rempli d'air, sans pesanteur appréciable, plus la machine qui imprimera le mouvement à l'essieu; elle pourra donc elle-même porter la marchandise ou les voyageurs qu'elle traînait à la remorque; et comme la force qui la fera mouvoir ne coûtera rien ou très peu de chose, elle pourra partir seule avec son chargement quel qu'il soit. Autre avantage : tout le chargement portant sur l'essieu qui reçoit l'impulsion première, les roues d'action mordront le rail avec une grande énergie, et les côtes les plus roides pourront être montées sans difficultés. Voilà donc les constructeurs de chemins de fer fort à leur aise : ils peuvent suivre la direction des chemins ordinaires, sauf quelques raccords dans les pentes par trop rapides et dans les courbes à petits rayons ; ils n'ont qu'à poser leurs lignes de fer sur les bas-côtés des routes, concessions que je propose d'accorder gratuitement aux compagnies (1). Donc, plus d'acquisitions de terrains, plus d'expropriations, plus d'impôt foncier. Les frais de péage se réduiront à peu de chose, les frais de traction à presque rien (2).

Mais n'y aurait-il aucun danger pour les locomotives dans la descente des côtes ? Voici dans ce cas ce qu'il faudra faire : outre les moyens d'arrêt

(1) Il vaudrait peut-être mieux que le Gouvernement exécutât lui-même ces travaux, du moins pour les grandes lignes.

(2) Par suite de l'emploi de l'air comprimé comme moteur, le chemin de fer de Paris au Havre, que des gens expérimentés estiment ne devoir pas coûter moins de 120 millions, pourrait être exécuté pour 20 millions. Ajoutez que dans l'exploitation on économiserait les dépenses de combustibles.

connus, chaque récipient de locomotive sera muni d'une pompe foulante, laquelle sera mise en mouvement par l'essieu, dans les descentes trop rapides ; alors il y aura à la fois enrayement et compression de l'air. De cette manière vous récupérerez aux descentes une partie de la force que vous aurez dépensée aux montées.

Je fais observer néanmoins qu'il faudra toujours rechercher de préférence les routes planes, à cause de la vitesse qu'elles seules peuvent comporter ; j'ai voulu dire seulement que les fortes pentes (1) ne seront plus, comme aujourd'hui, dans l'établissement des chemins de fer, un obstacle insurmontable.

J'ai déjà décrit comment un récipient chargé d'air fortement comprimé peut produire un mouvement continu au moyen d'un appareil que je nomme *régulateur*. Je suis arrivé à cette conclusion, que tel récipient pourra contenir assez de force pour transporter une locomotive à vingt mille mètres. Il est entendu que ce point, admis en théorie, a besoin d'être consacré par la pratique. Toutefois, admettons qu'après les expériences il en faille rabattre de moitié, et disons que chaque approvi-

(1) **Je fixerais pour maximum d'inclinaison 2 centimètres par mètre.**

sionnement du récipent pourra fournir un trajet
moyen de dix mille mètres.

Voici donc les mesures qu'il conviendra de
prendre pour parcourir sans interruptions les plus
longs trajets. Il sera construit sur le bord des chemins de fer, à chaque myriamètre, ou, s'il y a lieu,
à de plus grands intervalles, un réservoir à poste
fixe continuellement approvisionné de force, soit
par de l'air comprimé sur place, suivant les moyens
que nous avons décrits, soit par de l'air comprimé,
apporté des fabriques le plus voisines, et versé
dans le réservoir. Ce réservoir sera muni d'un robinet tellement disposé, qu'à l'arrivée de la locomotive, le récipient épuisé puisse être mis en rapport
avec la masse de forces réservées, et recevoir une
provision nouvelle pour fournir un trajet nouveau.

Ces réservoirs, posés de distance en distance,
seront autant de relais où l'on viendra raviver
presque gratuitement la force motrice.

La capacité de ces réservoirs sera d'autant plus
grande, qu'ils auront à desservir un plus grand
nombre de locomotives.

Je fais remarquer que plus les réservoirs sont
grands comparativement aux récipients, plus l'air
arrive fortement comprimé dans ces derniers, lorsqu'ils sont mis en communication avec les réser-

voirs. En effet, si un vase vide est mis en rapport avec un vase d'égale capacité dans lequel l'air est comprimé à vingt atmosphères, l'air réparti dans les deux vases ne sera plus pressé qu'à dix atmosphères ; mais si le vase vide n'est que le vingtième du vase plein, l'air ne perdra, en se répandant, qu'un vingtième de sa force, il restera comprimé à dix-neuf atmosphères. Il y aura donc un intérêt majeur à construire de vastes réservoirs. Il est entendu que ces réservoirs seront alimentés par des machines éoliques ou hydrauliques de forces calculées suivant leurs capacités.

On comprend que le système d'approvisionnement que nous prescrivons ne ralentira en aucune façon la marche des locomotives ; car les réservoirs seront généralement placés aux stations mêmes où doivent s'arrêter les voyageurs ; le transvasement des forces aura lieu pendant que s'opérera le service ordinaire de chargement et de déchargement.

APPLICATION DE L'AIR COMPRIMÉ A LA LOCOMOTION SUR LES VOIES ORDINAIRES.

Si l'air comprimé remplace utilement la vapeur, à plus forte raison pourra-t-il remplacer la force des chevaux. Ce que j'ai dit des locomotives qui roulent sur les chemins de fer, peut s'appliquer à toute espèce de voitures qui circulent dans nos villes et qui parcourent nos routes; il y aura même plus d'avantages à opérer cette substitution, puisque la force des chevaux est plus chère que celle de la vapeur. J'entends donc que tous nos véhicules, quelle que soit leur destination, portent des récipients à air comprimé. Les constructeurs étudieront les meilleures formes à donner à ces récipients pour ménager, sur les voitures, le plus de place possible au chargement. Je donnerai le dessin de quelques unes de ces voitures.

Si l'on se rappelle que dans l'ensemble du système précédemment exposé, chacun pourra avoir chez soi une ou plusieurs machines à comprimer l'air, et que d'ailleurs il sera établi des réservoirs publics dans les villes et sur les routes, on comprendra qu'il sera très facile de renouveler la force motrice des voitures, lorsque les récipients seront épuisés. Au reste, je conseille d'adapter à chaque récipient une pompe foulante que les gens de service pourront, au besoin, faire jouer à temps perdu, lorsque la voiture ne marchera pas.

Il pourrait être gênant dans la pratique d'avoir à aller puiser de la force dans les réservoirs publics avec les voitures mêmes qui en auront besoin. Je propose de fixer les récipients sur les voitures, de manière à ce qu'on puisse les enlever, et les remplacer par des récipients de rechange. J'ai déjà dit qu'on aura des récipients de force en magasin, comme on a des chevaux dans son écurie.

APPLICATION DE L'AIR COMPRIMÉ A LA NAVIGATION.

—

L'emploi de l'air comprimé comme force motrice appliquée à la navigation maritime, ne me semble pas devoir y produire immédiatement d'aussi grands résultats que dans la locomotion sur les chemins de fer et sur les routes ordinaires, surtout lorsqu'il s'agira de longues traversées : le renouvellement de la force, dans les récipients épuisés, éprouvera de grandes difficultés, à moins qu'on ne trouve d'autres moyens que ceux que j'ai précédemment indiqués pour opérer ce renouvellement. Mais s'il faut renoncer à établir en mer, de distance en distance, des réservoirs d'air comprimé, il est facile de comprendre que ce système d'approvisionnement est parfaitement applicable sur le cours des rivières, d'autant plus que les rivières, en choisissant les endroits rapides, serviront elles-mêmes de moteurs gratuits pour l'accumulation de l'air dans les réservoirs. J'entends que ces réservoirs soient construits, à des distances calculées, sur le courant même des eaux, afin que les bateaux, en s'y arrêtant, soient mis en communication avec eux pour y puiser de la force nouvelle, comme je l'ai prescrit pour les chemins de fer.

S'il s'agit de navigation sur les canaux, on placera les réservoirs de préférence près des écluses, afin que les chutes d'eau soient utilisées pour la fabrication gratuite de la force.

Je ne veux pas, quant à présent, insister davantage sur l'application du système à la navigation, je ne puis qu'indiquer les choses en masse : chacun de mes courts chapitres pourrait faire l'objet d'un volumineux traité ; cette œuvre de détails viendra plus tard. Je me borne ici à prescrire l'emploi de la machine à rotation (soit la mienne, soit toute autre) dans les bateaux mus par la puissance de l'air comprimé ; je la prescris même dès à présent dans les bateaux à vapeur, car cette machine est surtout essentielle là où l'emploi du volant est impossible.

Je voudrais aussi qu'on supprimât les roues à palettes qui sortent de l'alignement des flancs du navire. Ces agents mécaniques présentent plusieurs graves inconvénients : ils se heurtent à tout, et par le clapotement des palettes, impriment au navire un mouvement saccadé. Je propose de les remplacer par une sorte de turbine agissant sous la ligne de flottaison, et, tournant seule ou par couple, sur un axe horizontal parallèle à la quille. Je donnerai le dessin de cette roue sous-marine qui a déjà fonctionné avec succès. Pour la décrire, deux mots suffiront : c'est la vis d'Archimède dépouillée de son enveloppe.

APPLICATION DE L'AIR COMPRIMÉ A L'AGRICULTURE.

L'agriculture est la base de tout ; c'est donc aux travaux qui concernent cette industrie qu'il importe essentiellement d'appliquer le système des forces gratuites et réservées. Le labourage des terres, le charriage des récoltes, le battage des grains, exigent une dépense prodigieuse de force ; et, chose étonnante, cette force a toujours été exclusivement empruntée aux bras de l'homme ou aux animaux soumis à son usage. Il me semble que dans beaucoup de cas on aurait pu employer pour les travaux dont nous venons de parler , la puissance des eaux ou des vents, comme on l'a fait pour la mouture des blés. Néanmoins, depuis qu'on a pu calculer l'économie que présente la vapeur substituée à la force des animaux, on a tenté, dans quelques pays, d'appliquer ce puissant moteur à la direction des charrues. Les essais ont toujours été infructueux, parce qu'on s'est obstiné à unir la machine motrice à la charrue. Voyez-vous une locomotive avec son attirail et ses approvisionnements d'eau et de charbon se traînant à travers des terres labourées! Il me semble qu'on n'avait pas besoin de l'expérience pour être certain de ne pas réussir. Non pas que je croie impossible d'appliquer avec succès la vapeur au labourage ; je pense, au contraire, que la chose serait très facile, mais dans certaines circonstances et à certaines conditions : les pays à grandes cultures, plats ou peu inclinés, comme la Beauce ou la Brie, conviendraient à cette amélioration; il faudrait que la houille y fût à bon marché. La condition essentielle serait en outre qu'on ne fît usage que de machines fixes qui fonctionneraient dans certains centres d'opération ; la force serait transmise à la charrue, ou aux charrues (car plusieurs pourraient marcher à la fois) au moyen de tambours et de cordes sans fin. Ce n'est pas ici le lieu de dire comment tout cela pourrait s'agencer, ni d'entrer dans les détails d'un système de labourage à la vapeur, qui a été pour moi l'objet d'un travail spécial que j'ai négligé depuis que la théorie de l'air comprimé est venue, avec tous ses riches développements, se présenter à ma pensée.

Retournons donc à cette théorie, et voyons le parti qu'on en pourrait tirer pour les travaux agricoles.

Les cultivateurs, maîtres de vastes espaces, seront plus que tous autres en position de créer sur leur territoire des fabriques de force par l'établissement des machines éoliques ou hydrauliques. On comprend déjà que les fermes les plus favorisées seront celles qui se trouvent près des rivières rapides, parce que les forces gratuites pourront s'y recueillir avec plus d'abondance. Les fermes qui seraient dépourvues d'un voisinage aussi précieux, auront recours, pour leur approvisionnement de moteurs, à l'action des vents ; enfin celles pour qui cette dernière ressource serait insuffisante, iront chercher des forces aux réservoirs les plus rapprochés ; car, comme nous l'avons dit, il s'en fabriquera pour le public, il s'en fera commerce.

Admettons donc nos cultivateurs, quelque pays qu'ils occupent, convenablement approvisionnés de récipients chargés d'air comprimé ; ces récipients seront gardés en réserve dans certains bâtiments spéciaux, qui remplaceront en partie les écuries et les étables.

Avant de passer outre, je dois dire que toute application du nouveau moteur obtiendrait de pauvres résultats dans la plupart de nos établissements agricoles tels qu'ils existent aujourd'hui, à cause du mauvais état de viabilité qui y règne : avant tout, il faut rendre les chemins d'exploitation non seulement praticables, ce qu'ils ne sont pas en beaucoup d'endroits ; mais bons, ce qu'ils ne sont nulle part. Nous sommes encore sur ce point comme aux siècles les plus barbares. Croyez-moi, établissez de bonnes voies de communication, vous doublerez la valeur du produit de vos terres. J'admets donc qu'il existe sur votre exploitation un réseau de bons chemins bien aplanis ; je suppose même que vous y aurez établi des rails en bois au moyen de longues poutres mises au bout les unes des autres, et couchées au niveau du sol comme cela se pratique déjà dans quelques provinces des États-Unis. Ce que nous avons dit de l'air comprimé appliqué à la locomotion sur les routes ordinaires, trouve naturellement sa place ici pour tout ce qui concerne le transport des engrais ou des récoltes, et les besoins généraux de l'exploitation.

Le battage et le nettoyage des grains se fera au moyen de mécaniques simples, mises en mouvement par nos forces gratuites et suivant les meilleurs modes qui seront adoptés pour la transmission du mouvement dans les usines et manufactures. Nos forces gratuites seront également employées

à l'ascension des eaux sur les points culminants
du terrain pour y former un bon système d'ir-
rigations.

Quant au labourage, point capital, le problème
se réduira à lier de la manière la plus convenable
le récipient à la charrue, comme on l'aura fait pour
les voitures ordinaires. On comprend d'abord que
si, jusqu'à ce jour, la charrue s'est refusée à recevoir le concours gênant de la machine à vapeur à
cause du pesant appareil qui l'accompagne, elle se
prêtera très volontiers à recevoir l'impulsion
d'un agent mécanique débarrassé de cet attirail :
on conçoit en effet très facilement une charrue
portant un récipient chargé d'air, et dont la
grosseur ne dépassera pas celle d'un tonneau ordinaire.

Le premier mécanicien qui s'occupera de cette
question sentira d'abord qu'il faut que tout le poids
du récipient porte sur les deux roues d'action, lesquelles devront être placées à la tête de la charrue;
il comprendra aussi que ces roues, qui auront pour
mission d'entraîner toute la machine en mordant le
sol, devront être munies de dents qu'on devra pouvoir allonger ou raccourcir, suivant la nature du
terrain à labourer. On verra s'il y a possibilité
d'adapter à une même charrue plusieurs socs. J'y

prévois beaucoup d'avantages et quelques inconvénients. Au reste, tout ce que nous pourrions dire ici à ce sujet serait prématuré et inutile. L'expérience ira plus loin que nos prévisions.

Je me bornerai à proposer aux mécaniciens qui tenteront des essais sur cet objet, de chercher à construire une charrue à air comprimé qui remplisse les conditions suivantes : 1° faire agir plusieurs socs à la fois; 2° semer le grain dans les sillons aussitôt qu'ils sont ouverts; 3° refermer les sillons aussitôt que la semence y a été répandue.

Je laisse aux agriculteurs à juger quelle pourrait être l'importance de cette charrue à trois fins, et qui, bien entendu, ne fonctionnerait avec ses trois pouvoirs que lors des derniers labours. Je crois qu'en laissant le sillon ouvert pendant plusieurs jours, avant d'y répandre le grain, comme cela se pratique ordinairement, la terre, par son contact immédiat avec l'air extérieur, perd de sa puissance génératrice; je crois aussi qu'en jetant au hasard sur les sillons, comme nous le faisons, la semence à pleine main, beaucoup trop de grains tombent dans une mauvaise position et avortent. Voilà pourquoi je propose le problème qui précède. Je m'en occuperai moi-même.

APPLICATION DE L'AIR COMPRIMÉ A LA DÉFENSE DES VILLES DE GUERRE.

Tout le monde connaît le fusil à *vent*, qui n'est autre qu'une machine à air comprimé. Pourquoi ne ferait-on pas des canons à air comprimé? Je n'y vois aucune difficulté insurmontable, ni même sérieuse. Je me figure très bien une forteresse garnie de pièces d'artillerie chargées à quatre-vingts ou cent atmosphères.

Or j'estime que chaque projection pourrait avoir lieu par la détente de dix atmosphères; chaque pièce aurait donc à tirer dix coups de-suite, et pourrait indéfiniment recommencer une nouvelle série de dix coups; car je suppose que le récipient appliqué à chaque canon serait très promptement réapprovisionné au moyen d'un réservoir commun à toute une batterie, et dans lequel l'air aurait été par avance violemment comprimé.

On comprend qu'en cas de défense, toutes les forces dont la garnison disposera dans la place assiégée, seront mises à contribution pour le service des réservoirs et des récipients; et comme dans certains moments les machines éoliques et même les machines hydrauliques pourront être insuffisantes, on y suppléera par des machines à vapeur. Il sera toujours plus facile d'obtenir de la vapeur pour fabriquer des forces que de fabriquer de la poudre.

Il pourra arriver que le salut de la place, assuré d'ailleurs par une immense quantité de forces de projection, soit compromis par l'épuisement des projectiles. Pourquoi, dans ce cas, ne se servirait-on pas, faute de mieux, de projectiles de marbre ou de toute autre pierre dure, comme le font les Turcs? Je crois que ces sortes de boulets valent autant que les autres pour repousser les assiégeants, au moment d'un assaut. Ils valent peut-être même mieux, parce qu'ils se brisent, et qu'on ne peut vous les renvoyer.

Je fais remarquer que l'application que je propose pour la défense des places fortes, aurait peu de succès pour l'artillerie de campagne. Si l'on me demande pourquoi je fais cette observation, le voici : j'admets deux espèces de guerres; la guerre

de défense qui est presque toujours légitime et ho-
norable ; et la guerre d'attaque ou de conquête qui
d'ordinaire est impie et honteuse ; l'une tend à la
paix et au maintien des libertés , l'autre mène les
peuples à la ruine et à l'esclavage. Or la défense
des villes participe presque toujours des guerres de
la bonne espèce ; s'il en était autrement , je me se-
rais bien gardé de conseiller l'emploi du nouveau
moteur à la défense des places fortes.

APPLICATION DE L'AIR COMPRIMÉ A LA PERFORATION DE LA TERRE.

Depuis quelques années l'industrie des sondages a pris chez nous un immense développement ; la Géologie, science nouvelle, en a grandement profité. Cette industrie nous a conduits, par mille expériences qui toutes concordent, à la connaissance d'une loi de physique naturelle dont l'avenir dira l'importance. Par une multitude d'observations thermométriques pratiquées dans le sein de la terre, et recueillies avec soin depuis plus de cent ans, il a été constaté que le globe est chauffé, non seulement par les rayons du soleil, mais par une chaleur qui lui est propre, et que cette chaleur interne augmente à mesure qu'on pénètre vers le centre de la terre ; on a même calculé qu'elle s'accroît d'un degré à chaque profondeur de vingt-sept mètres.

Que si l'on combine cette loi avec certaines indications que donne la chimie touchant la fusibilité
des diverses matières, on trouvera, par exemple,
que, dans l'état normal de la terre, à dix-neuf
cent dix-sept mètres de profondeur, se rencontrent
les eaux bouillantes; que le plomb est en fusion à
six mille neuf cent dix mètres; le zinc à huit mille
neuf cent dix mètres; ainsi des autres métaux; et
qu'en définitive, à une profondeur qui ne dépasse
pas quarante-huit mille mètres, tous les corps
connus sont en fusion; d'où il faut conclure que
notre terre est un soleil enveloppé d'une écorce solide dont l'épaisseur n'atteint pas douze lieues.

Il se peut que ce grand théorème géologique
doive être modifié par certaines autres lois igno-
rées ou peu connues, telles que celles des fluides
électriques ou magnétiques; mais ces lois ne sau-
raient apporter de changements que dans les chiffres de l'échelle calorique, et non dans le principe
de la chaleur croissante, principe consacré par
mille observations concordantes. Quoi qu'il en soit,
il deviendra d'une immense importance pour l'hu-
manité de pousser des recherches dans l'intérieur
de la terre au moyen de profonds sondages. Mais
ces sortes de travaux, dans l'état actuel des choses,
coûtent fort cher, parce qu'ils exigent une grande

5

dépense de forces; or si nous arrivons à nous procurer des forces gratuites, qui empêchera d'entreprendre de profondes trouées dans l'enveloppe terrestre? Ajoutez que les moyens d'exécution se perfectionneront : on apprendra à consolider les puits à travers les nappes d'eau souterraine et les sables mouvants ; ou plutôt on apprendra, par des connaissances plus exactes en géologie, à éviter ces obstacles. Je me suis toujours figuré que les plus grandes difficultés du sondage se rencontrent près de la surface de la terre, de même que les plus grands périls de la navigation se trouvent près des côtes, et qu'arrivées à une certaine profondeur, lorsqu'il nous sera donné pour ainsi dire de voyager en pleine terre, les explorations deviendront aisées et sûres. Dieu sait alors quelles découvertes sont réservées au génie aventureux de l'homme. Ce que nous pouvons prévoir dès à présent, c'est qu'il nous sera possible d'aller ouvrir le passage à des eaux souterraines qui jailliront bouillantes à la surface, et viendront en aide à nos diverses industries. Je pressens aussi une grande conquête dont nous pouvons déjà nous former une idée. Aujourd'hui quelques unes de nos habitations ont des calorifères qui, construits dans les caves, portent à grands frais la chaleur ascendante dans toutes

les parties de la maison. Pourquoi ne parviendrait-
on pas à creuser au-dessous de nos villes de vastes
calorifères gratuits, d'où s'élèveraient, au moyen
de larges puits, des fleuves de chaleur qui, par
des conduits qu'on pourrait ouvrir ou fermer à
volonté, se répandraient dans la demeure de chaque
habitant? Il n'y aurait plus d'hiver. N'avons-nous
pas déjà sous le pavé de nos rues des ruisseaux de
lumière qui ont aboli la nuit?

APPLICATION DE L'AIR COMPRIMÉ AUX VOIES PNEUMATIQUES.

—

Nous voici en pays inconnu ; il est rare qu'une industrie nouvelle ne mène pas à de nouvelles industries : la découverte de la vapeur a conduit à la construction des chemins de fer ; les chemins de fer, à leur tour, desservis par nos forces gratuites, vont rendre possible et très profitable l'établissement des voies pneumatiques. Nous entendons par là des conduits souterrains, hermétiquement fermés, dans lesquels on enverra d'une ville à une autre, avec une extrême rapidité, les lettres contenues dans des cylindres (1).

On s'est déjà beaucoup préoccupé de cette idée chez plusieurs nations, en Angleterre surtout, pays aux conceptions hardies, aux entreprises gigan-

(1) Voir une lettre que j'ai publiée à ce sujet dans le *Constitutionnel*, le 17 janvier 1856.

tesques. Une société s'y était formée qui se proposait d'appliquer les voies pneumatiques à la traction des wagons ; un prospectus, orné de fort belles gravures, indiquait comment devait s'opérer ce prodigieux travail. Je ne suis pas de ceux qui ne croient qu'aux choses mises en pratique, mais j'avoue que, dans cette circonstance, le génie britannique m'a paru avoir dépassé toutes les bornes du possible. Quoi qu'il en soit, des expériences qui ont eu lieu sous nos yeux nous ont convaincu que les voies pneumatiques sont très praticables, appliquées au transport d'objets légers, comme le sont les lettres ; il demeure seulement douteux que, sous le rapport financier, une entreprise de cette nature pût, dans l'état ordinaire des choses, présenter des chances de succès. On conçoit en effet que l'établissement et l'exploitation d'une ligne entraîneraient à des dépenses considérables ; calculez : il faudrait acheter de longues bandes de terrains, les niveler en beaucoup d'endroits, les clôturer partout ; il faudrait construire des ponts ; il faudrait avoir à certaines distances des stations où fonctionneraient à grands frais des machines pour opérer la pression ou la raréfaction de l'air, et entretenir à ces stations des hommes de service. Le prix ordinaire du port des lettres suffirait-il pour couvrir ces dépenses ?

Je ne dis pas non, mais cela n'est pas évident.

Telle a dû se présenter la question à ceux qui s'en sont occupés jusqu'à ce jour. Eh bien, tournez les yeux sur nos chemins de fer, desservis, comme nous l'avons indiqué, par des forces gratuites, et vous allez voir à quoi se réduiront les frais d'établissement et d'exploitation des voies pneumatiques. D'abord nos terrains sont tout achetés, tout nivelés, tout clôturés; nos ponts sont faits. On placera la ligne de tuyaux entre les deux rails, à quelques pouces au-dessous de terre : ils seront là en parfaite sûreté ; nous avons de distance en distance des réservoirs tout établis qui fourniront gratuitement la force nécessaire à la compression de l'air ; les employés du chemin de fer seront chargés du service nouveau. Ainsi les voies pneumatiques ne coûteront rien, sinon le prix d'acquisition et les frais de pose des tuyaux. Or des tuyaux de deux pouces de diamètre, en zinc inoxidable, ne coûteront pas plus de trois ou quatre francs le mètre, disons cinq francs avec la pose ; ce sera vingt mille francs par lieue. Ajoutez donc vingt mille francs par lieue à vos devis de chemin de fer, et, par le seul transport des lettres, vous en doublerez le produit. Je le dis avec une entière conviction, si l'avenir des chemins de fer pouvait être compro-

mis, même dans l'état où ils sont, les voies pneumatiques suffiraient pour les sauver. Il est entendu
que, dans cet ordre d'idées, j'admets que le gouvernement renoncera à son injuste prétention de
mettre à la charge des compagnies concessionnaires
le transport gratuit des lettres.

Dans un traité spécial j'exposerai la théorie des
voies pneumatiques ; je dirai les précautions à
prendre pour ménager à chaque station l'arrivée et
le départ des cylindres dépositaires des lettres, et
pour régler les distributions intermédiaires sans
ralentir la marche des envois lointains. Je propo-
serai les mesures que je crois les plus propres à
empêcher que les tubes voyageurs ne contractent,
en glissant dans les tuyaux, une trop vive chaleur ;
enfin j'entrerai dans tous les détails de l'organisa-
tion de ce nouveau service.

Voici ce qui résultera de l'établissement des voies
pneumatiques : les lettres parcourront de vingt-
cinq à trente lieues à l'heure ; on pourra écrire de
Paris à Marseille, et recevoir la réponse dans la
même journée !

APPLICATION DE L'AIR COMPRIMÉ A LA NAVIGATION AÉRIENNE.

—

De tout temps les hommes ont aspiré à voyager par les airs : l'aventure d'Icare est beaucoup moins fabuleuse qu'on ne pense. Horace se plaint quelque part des audacieux qui veulent se servir d'ailes que la nature a refusées à l'homme ; chaque siècle a fait son effort sur ce point, et toujours inutilement, sans en excepter le dernier siècle, qui a vu naître Montgolfier. Je le dis hardiment : jamais le problème ne sera résolu par les ballons ; ces machines aérostatiques sont, de leur nature, ingouvernables ; parce que la force de suspension, la seule qui leur soit propre, sera toujours supérieure à la force d'entraînement, quelle qu'elle soit, qu'on pourra leur appliquer ; et que la vaste surface qu'elles présentent les rend incapables de lutter contre les moindres courants d'air (1). Il faut pour qu'une machine se dirige dans l'air, qu'elle n'obéisse qu'à une seule force qui la soulève et l'entraîne à la fois. Il faut aussi, notez-le bien, que cette force soit de beaucoup supérieure au poids total de la machine.

Il y a douze cents ans, on était beaucoup plus près de la question qu'aujourd'hui. Boëce a construit un pigeon volant qui comportait les conditions essentielles dont nous venons de parler : un ressort placé dans l'intérieur de la petite mécanique, imprimant aux deux ailes un mouvement rapide, suffisait pour la soulever et la transporter à quelques pas. C'était autant que possible se rapprocher de l'exemple général donné par la nature ; mais remarquez que tous les volatiles portent dans leurs muscles pectoraux une force vitale qui, par un phénomène non encore expliqué, se reproduit au moment où elle s'épuise. Le pigeon de Boëce, dont le poids principal résidait dans la pesanteur du ressort moteur, ne pouvait voler qu'un instant ; le ré-

(1) On a prétendu qu'à certaines hauteurs, il règne des vents constants qui soufflent dans divers sens. Si ce fait, très douteux, se confirmait, la direction des Montgolfières serait possible, parce qu'il suffirait alors d'avoir le moyen de les faire monter et descendre à volonté, ce qui est très facile.

sultat n'aurait pas été meilleur quand même la machine eût été construite sur de plus grandes dimensions ; car la force d'un ressort est toujours en rapport avec son poids. Il est ici très important de remarquer que le problème aurait été résolu si le philosophe mécanicien avait fait usage d'un ressort qui fût sans pesanteur et qui pût produire une force illimitée ; car il aurait pu distribuer l'action de cette force de manière à fournir un long travail.

Eh bien ! ce ressort sans pesanteur et d'une puissance sans limites, nous le possédons dans l'air comprimé.

Laissons donc là les aérostats, qui n'iront jamais plus loin, et dont toutefois le mérite aura été de fixer l'attention publique, tout en la fourvoyant, sur l'immense question de la navigation aérienne ; reprenons les choses où le vi^e siècle les a laissées ; substituons au ressort de métal de Boëce la force expansive de l'air refoulé dans un léger récipient ; alors l'action qui n'était que momentanée, va devenir durable ; alors nous enlèverons facilement dans les airs nos machines, qui, plus grandes, nous emporteront avec elles et se dirigeront où nous voudrons, à de longues distances.

Nous avons dit qu'un de nos récipients chargé seulement à soixante atmosphères, produirait cinq mille coups de piston ; ce sera donc, si nous l'appliquons à une machine volante, cinq mille coups d'ailes. Notez que les ailes ou rames à air, dont nous parlerons plus loin, seront disposées par couples de manière à agir alternativement : les unes monteront pendant que les autres descendront, afin que le mouvement soit régulier et qu'aucune partie de la force ne soit perdue. Au moyen d'une légère inclinaison des rames, elles produiront à la fois l'enlèvement et l'entraînement ; notez aussi que la charge à enlever ne consistera, du moins pendant nos premières expériences, que dans le poids du récipient et de quelques légers accessoires. Or, dans l'état ordinaire de l'atmosphère, chaque battement d'ailes imprimera à la machine un mouvement qui la portera à au moins dix mètres en avant ; ce sera donc cinquante mille mètres, ou douze lieues et demie de parcourues, avant l'épuisement du récipient. Mettons les choses à moitié, comme nous l'avons déjà fait ; il s'ensuivra que de six lieues en six lieues, il faudra renouveler l'approvisionnement du récipient, ce qui s'opérera comme il a été déjà indiqué ; mais je ne doute nullement qu'on ne parvienne encore à s'affranchir de cette nécessité des stations. On trouvera le moyen de remplir de nouveau presque instantanément les récipients épuisés, soit par le développement subit de gaz concentrés, soit par l'inflammation de matières fulminantes, soit par tout autre procédé; alors on pourra parcourir, sans s'arrêter, des trajets de plusieurs centaines de lieues.

Quant à la manière de fixer au récipient les ailes ou rames à air, je me réserve de faire connaître plus tard les dispositions que j'ai étudiées et auxquelles je me suis arrêté, parce qu'elles m'ont semblé les plus convenables. Les dessins sont faits d'une machine volante; je me suis appliqué surtout à donner à la fois aux diverses pièces qui la composent, la plus grande force et la plus grande légèreté. J'en citerai un seul exemple : j'ai construit une rame à air d'environ trois mètres de longueur; elle ne pèse que quelques onces, et peut soulever, rien qu'en s'appuyant sur l'air, un poids de dix à douze livres; car on sait que l'air offre autant de résistance que l'eau, pourvu qu'on active convenablement le mouvement des rames. Celle dont j'ai fait le modèle est tellement construite qu'en agissant horizontalement de bas en haut, elle n'éprouve aucune résistance de l'air qui passe à travers des valves ouvertes, et qu'en descendant, toutes les valves étant fermées, elle trouve, sur la masse d'air qu'elle embrasse, un point d'appui assez solide pour opérer l'enlèvement qu'elle doit produire.

J'ai été conduit par mes expériences à reconnaître que pour construire de bonnes rames à air, il faut s'appliquer à imiter plutôt les ailes des insectes que celles des oiseaux. Au reste, la nature, qui semble avoir prévu les nécessités futures de l'industrie humaine, a pourvu à tout : il est telles substances fortes et légères qu'on dirait qu'elle a créées exprès pour en composer des ailes factices. Je les indiquerai.

J'ai parlé plus haut de l'inclinaison des rames pour opérer l'entraînement ; ceci est de la plus haute importance et j'y reviens. Lorsqu'on voudra seulement soulever la machine, il faudra tenir les rames horizontales, alors l'ascension aura lieu perpendiculairement (on suppose un temps calme) ; si on incline légèrement les rames en avant, une partie de la force de soulèvement se changera en force de répulsion, et la machine marchera d'autant. Plus cette inclinaison sera forte, sans dépasser toutefois une limite qui sera calculée, plus la marche sera rapide. A l'arrière de la machine, j'attache une longue et large rame sans valves, qui remplira un double office · placée verticalement,

elle imprimera, comme le gouvernail d'un navire, le
mouvement de droite ou de gauche ; placée horizontalement, elle fera, comme la queue des oiseaux en
s'abaissant ou se relevant, descendre ou monter la
machine ; que si sa position participe de l'horizon-
tale et de la verticale, la machine décrira dans les
airs toute espèce de courbes obliques. Il faudra étudier soigneusement, puis établir un système de ma-
nœuvre. J'engagerai pour cela ceux qui s'occuperont de cette matière, à bien observer le vol des
oiseaux ; le plus sûr sera d'imiter leurs mouve-
ments ; car, en vérité, on ne fera jamais mieux que
la nature.

Mais je recommande ici expressément aux expérimentateurs de ne pas brusquer leurs essais touchant la navigation dans l'air ; il faudra préalablement affermir le terrain par des applications moins
difficiles et dans l'ordre que j'ai suivi. Vous ferez
d'abord fonctionner des récipients à poste fixe sans
vous inquiéter de leur pesanteur, puis vous les ap-
pliquerez à la locomotion sur les chemins de fer ;
lorsque vous aurez obtenu des récipients plus légers
et non moins forts, vous leur confierez la traction
des voitures sur les routes ordinaires ; les autres
expériences viendront ensuite, et finalement, quand

vous serez parvenus à construire des vases à air comprimé qui réuniront à une extrême légèreté une force excessive, tentez hardiment la conquête des voies aériennes.

RÉSUMÉ.

—

Arrêtons-nous ici et jetons un coup d'œil en arrière. Cette théorie de l'air comprimé, dont nous venons d'exposer à grands traits les principales applications, repose-t-elle sur des bases solides ? Ne serions-nous pas sous l'empire d'une brillante illusion ? Vingt fois je me suis fait cette demande, effrayé moi-même des immenses résultats qui, par un enchaînement invincible, venaient se dérouler à mes yeux. Examinons cependant de nouveau, et voyons où pourrait faillir notre système.

L'air est-il compressible ? mille faits le prouvent. L'air comprimé jouit-il d'une force expansive ? assurément : un fusil à vent peut, sans être rechargé, lancer, l'une après l'autre, dix balles qui percent une planche à trente pas. L'air peut-il se comprimer à un degré élevé ? Nous avons un physicien anglais qui est parvenu, il y a quelques années, à comprimer l'air dans un canon de fusil jusqu'à cent quatorze atmosphères sans que le fusil éclatât. Voilà des faits acquis ; poursuivons.

Un vase étant rempli d'air comprimé à un degré très élevé, peut-on faire que cet air passe dans un autre vase sous une pression beaucoup moindre et constante ? oui encore. Des expériences faites récemment à Paris sur le gaz comprimé, répondent affirmativement : tout le monde a pu voir des récipients chargés de gaz pressé à trente atmosphères, émettre ce fluide sous une pression constante de deux atmosphères afin de produire une lumière égale. Les tribunaux mêmes ont eu à prononcer entre deux prétendants qui se disputaient l'invention du mécanisme au moyen duquel s'opère cette émission constante. Or, ce mécanisme (qui peut encore être amélioré) s'appliquera aussi bien au transvasement régulier de l'air qu'à l'égale émission du gaz.

Enfin, peut-on se servir de l'air comprimé comme moteur ? Pourquoi pas aussi bien que de la vapeur ? L'analogie est parfaite entre la force expansive de ces deux fluides ; les mêmes machines qui servent au travail de la vapeur captive, serviront à régler la force de l'air emprisonné. Nous rappelons seulement que si la vapeur d'eau

6

a l'avantage de se reproduire par l'action périlleuse du feu, l'air, par compensation, peut se comprimer à froid à un degré infiniment plus élevé, et sans offrir des chances si nombreuses d'explosion.

Quant à la compression *gratuite* de l'air, cela ne fait pas difficulté ; on conçoit parfaitement des pompes foulantes mises en jeu au moyen de machines mues par les eaux ou par les vents. N'insistons donc pas sur ce point. Nous ne parlerons pas non plus du transvasement de l'air comprimé d'un récipient dans un autre, ni de la faculté de transporter ces récipients dépositaires de la force ; cela est évident.

Reste à poser cette dernière question : l'air comprimé peut-il se conserver dans les vases qui le recèlent ? assurément, si les récipients sont bien faits : un fusil à vent peut garder sa force sans qu'elle s'altère pendant plusieurs mois. Ces petites machines de verre que je nommerais volontiers des *larmes fulminantes*, et que les verriers s'amusent à fabriquer en laissant tomber des gouttes de matière en fusion dans de l'eau froide, recèlent des globules d'air comprimé à un degré excessif ; ces globules peuvent rester là enfermés pendant vingt ou trente ans sans rien perdre de leur énergie ; de telle sorte que si, après cette longue captivité, vous rompez la partie allongée de la larme fulminante, l'air comprimé mis tout-à-coup en rapport avec l'air libre, déploie une force expansive si grande, qu'elle brise sa prison et la réduit en poudre.

La conservation de l'air comprimé est donc encore un fait acquis ; elle obligera seulement à apporter les plus grands soins dans la fabrication des vases hermétiques ; c'est l'affaire de l'artisan.

Résumons : l'air comprimé, ou, en d'autres termes, la *force* peut se recueillir gratuitement, se transvaser, se transporter et se conserver, pour être, en temps utile et lieux convenables, employée comme moteur à tous les besoins de l'industrie.

Voilà le principe ; vienne la réalisation !

Ici se termine mon travail ; j'ai dit, quant à présent, tout ce que je voulais dire. Compris et secondé, j'irai plus avant ; et si quelque honneur s'attache aux hasards de cette entreprise, il reviendra tout entier à ceux qui m'auront aidé à poursuivre.

FIN.